DEUTSCHE AKADEMIE DER WISSENSCHAFTEN ZU BERLIN

VORTRÄGE UND SCHRIFTEN

HEFT 37

ÜBER DIE FEHLER BEI ERTRAGSVERSUCHEN

von

Prof. Dr. Eilh. Alfred Mitscherlich

1950

AKADEMIE-VERLAG BERLIN

Erschienen im Akademie-Verlag GmbH., Berlin NW 7, Schiffbauerdamm 19
Lizenz Nr. 156 . 7282/49-9904/49
Gedruckt in der Buchdruckerei Oswald Schmidt GmbH., Leipzig M 118
Bestell- und Verlagsnummer 2003/37
Preis DM 1.65

ÜBER DIE FEHLER BEI ERTRAGSVERSUCHEN

Wenn wir ein physikalisches Experiment, eine chemische Analyse oder auch anderweitige Beobachtungen anstellen und sie dann ganz in der gleichen Weise wiederholen, so werden wir dabei fast nie zu genau dem gleichen Ergebnis kommen. Wir wissen nun, daß, wenn diese Unterschiede in den Ergebnissen groß sind, unsere Beobachtungen ungenau waren, und es ist dann üblich, sie nochmals in gleicher Weise zu wiederholen. Im allgemeinen wird ja unser Ergebnis um so sicherer sein, je mehr derart gleichartige Versuche angestellt werden, und je mehr so derartige gleichsollende Ergebnisse vorliegen. Die Genauigkeit steigt mit der Wurzel aus der Anzahl n der ausgeführten Untersuchungen.

Bei allen unseren Arbeiten ist uns nun ein Genauigkeitsmaß notwendig, und das um so mehr, je unsicherer unsere Untersuchungen sind oder sein können, und wir sind hier unserem großen *Gauß* dankbar, daß er uns die Gesetzmäßigkeiten aufgezeigt hat, denen diese Abweichungen in unseren Versuchsergebnissen unterliegen müssen. Hat man so eine größere Reihe gleicher Beobachtungen angestellt, und bildet man alsdann das Mittel aus allen hier vorliegenden Beobachtungen, welches ja, wie wir sahen, der wahrscheinlichste Wert ist, dann unterliegen die Abweichungen der Einzelbeobachtungen von diesem Mittelwerte dem Fehlerwahrscheinlichkeitsgesetze, welches uns besagt, daß die geringeren Abweichungen häufiger, die größeren Abweichungen von diesem Mittelwerte seltener sein müssen. Als Genauigkeitsmaß für unsere ganzen Arbeiten kann nun zunächst die durchschnittliche Abweichung von diesem Mittelwerte $= \frac{\Sigma v}{n}$ dienen, oder besser bei nur wenigen Beobachtungen die Summe aller Abweichungen Σv dividiert durch $n - 0{,}5$; also $t = \pm \frac{\Sigma v}{n - 0{,}5}$. Haben wir nun die durchschnittliche Abweichung oder den „durchschnittlichen Fehler“ in dieser Weise bestimmt, dann gibt die nachfolgende Tabelle eine Übersicht über die Größe und Anzahl der verschiedenen Abweichungen, welche nun auch bei einer Wiederholung unseres Experimentes eintreten müssen.

Fehlerwahrscheinlichkeits-Tabelle

In 100 Fällen liegt die folgende Anzahl der Beobachtungen zwischen dem Mittelwerte — dem Vielfachen von t und dem Mittelwerte + dem Vielfachen von t:

t	%	t	%	t	%	t	%
0,1	6,4	1,1	61,9	2,1	90,5	3,1	98,6
0,2	12,6	1,2	66,0	2,2	92,0	3,2	98,9
0,3	18,8	1,3	69,9	2,3	93,5	3,3	99,1
0,4	25,0	1,4	73,5	2,4	94,4	3,4	99,3
0,5	30,9	1,5	76,8	2,5	95,3	3,5	99,5
0,6	36,7	1,6	79,7	2,6	96,1	3,6	99,6
0,7	42,3	1,7	82,3	2,7	96,8	3,7	99,6
0,8	47,6	1,8	84,7	2,8	97,4	3,8	99,7
0,9	52,6	1,9	86,9	2,9	97,9	3,9	99,8
1,0	57,4	2,0	88,8	3,0	98,3	4,0	99,9

Die Zahlen in der vorstehenden Tabelle sind Prozentzahlen; sie setzen also gewissermaßen die Durchführung von hundert gleichartigen Versuchen voraus. Streng genommen, gilt auch das Fehlerwahrscheinlichkeitsgesetz nur für unendlich viele Beobachtungen; es kann nur eine um so geringere Gültigkeit beanspruchen, je weniger gleichartige Beobachtungen angestellt werden, da es ja nichts darüber auszusagen vermag, wann, also bei der wievielten der Beobachtungen z. B. gerade ein gröberer Fehler auftritt. Hierauf müssen wir später zurückkommen.

Wir sprechen dabei allgemein von einem durchschnittlichen „Fehler“, der somit unser Genauigkeitsmaß abgibt. Dabei ist keineswegs gesagt, daß für die Größe der Abweichung der Beobachter schuld ist, der mehr oder weniger gut bzw. fehlerfrei gearbeitet hat. Es ist zwar richtig, daß auch der einzelne Beobachter einen „subjektiven Fehler" mit in seine Beobachtungen hineinträgt, aber dieser persönliche Fehler dürfte meist wohl der am wenigsten in Betracht kommende sein. Dagegen können die Abweichungen, welche die sog. Fehler bedingen, bereits in der mehr oder minderen Gleichartigkeit des Ausgangsmateriales liegen, dann in der Apparatur, die vielleicht für derartige Messungen zu roh ist; dann in der Reinheit der chemischen Reagentien und in a. m.

Geht man so bei derartigen Versuchen den einzelnen Fehlerquellen nach, so kann man sie, indem man die Methode stets dort verbessert, wo sich bei irgendeiner Manipulation die gröbsten Fehler einstellen, ganz wesentlich verfeinern. Vor 40 Jahren lag mir so daran, die Stickstoffumsetzungen im Boden zu studieren, welche durch die freilebenden Bakterien in diesem bedingt werden[1]). Das war nun nach der alten Kjeldahlmethode nicht möglich; wir verfolgten darum hier den ganzen Analysengang in seinen einzelnen Teilen und fingen dazu von hinten an. Wir bestimmten so den Fehler der Titration, dann den der Destillation; hier wieder den des benutzten destillierten Wassers, den der Alkalilöslichkeit des Glases, den der verwendeten Natronlauge; gingen dann endlich zur Destillation einer Ammonsulfatlösung über; kamen sodann zur blinden Reduktion des Salpeterstickstoffs, zur Reduktion und Destillation einer Kaliumsalpeterlösung, zur Bestimmung des Stickstoffgehaltes einer Ammoniumnitrat-Lösung und dann endlich zur Gesamtstickstoff-Analyse. Dadurch, daß ich nun, dabei von hinten anfangend, immer den einzelnen Fehlern nachging, wurde es mir möglich, diese, wenn sie den von mir erhofften Grenzwert von $\pm$ 1 % N überschritten, zu verringern und so diese Analyse tatsächlich so genau auszubauen, daß man jetzt 0,001 g N mit dieser Genauigkeit von 1 %, also mit einem Fehler von $\pm$ 0,00001 g N genau ausführen konnte, was für die betreffenden Arbeiten notwendig war.

Hier, wie meist bei physikalischen und chemischen Experimenten, arbeiten wir nun mit der Möglichkeit, diese Versuche beliebig oft zu wiederholen, und so den einzelnen „Fehlern" einer Methode nachzugehen, um sie zu eliminieren. Das ist nun leider bei Ertragsversuchen technisch nicht möglich, und hier liegen die schwierigsten Probleme, die unsere Wissenschaft jahrzehntelang beschäftigt haben.

Der Pflanzenertrag ist eine Größe, die gleichzeitig von außerordentlich vielen Variablen, den sog. Wachstumsfaktoren, bedingt wird. Will man so hier ein Experiment, bei dem man die Abhängigkeit des Ertrages von einer dieser Variablen studieren will, wiederholen, so müßte man dann auch alle anderen Variablen, die man z. T. wohl noch gar nicht kennt!, der Konstellation bei dem ersten Experimente ganz gleich gestalten. Und das kann man leider nicht! – Setzt man so z. B. derartige Versuche, die man nachkontrollieren möchte – wenn man also eine Unsicherheit merkt! – auch nur 14 Tage später, wenn diese in Erscheinung tritt, von neuem an; – hatte man z. B. so bei einer Versuchsserie ein Gefäß vergessen einzusäen, was erst beim Aufgehen der Saat in Erscheinung tritt! – dann sind bereits eine ganze Reihe klimatischer Wachstumsfaktoren, so Licht und Wärme, in dieser kurzen Zeit ganz andere geworden und die Ergebnisse *nicht* mehr mit den ersten vergleichbar! – Wir müssen und können darum unsere ganzen Kontrollversuche stets nur *gleichzeitig und nebeneinander* ansetzen, und müssen selbst dann noch dafür sorgen, daß alle anderen Wachstumsfaktoren während der ganzen langen Vegetationszeit bei diesen zu vergleichenden Versuchen durchaus die gleichen bleiben! Wir können also an eine „Wiederholung" unseres Experimentes überhaupt nicht denken, sondern sind lediglich auf gleichzeitig angestellte Parallelversuche und auf ihre mehr oder weniger gute Übereinstimmung angewiesen! – Derartige Parallelversuche sind nun zwar von mir und Paul *Ehrenberg* auch mal im großen angestellt und durchgeführt worden, um den Nachweis zu erbringen, daß auch für diese Probleme der Ertragsbestimmung das Gaußsche Fehlerwahrscheinlichkeitsgesetz Gültigkeit hat; doch das sind spezielle Ausnahmefälle, mit Hilfe derer wir diesen Nachweis erbringen mußten! In der Regel wird man, wenn man auf unserem Gebiete wissenschaftlich weiterkommen will, nicht einen derart großen Apparat hierfür aufzuwenden vermögen. Man wird sich meist bei Gefäß- wie bei Feldversuchen auf vier oder sechs derartige Parallelversuche beschränken und vielleicht nur dann noch diese Zahl erweitern, wenn man zuvor weiß, daß dem zu erwartenden Ergebnisse eine größere Unsicherheit anhaftet.

Und schon tritt wieder an uns die Frage heran: Ist denn dann überhaupt die Anwendung der Fehlerwahrscheinlichkeitsrechnung noch für uns berechtigt!? – Der Mathematiker wird hier mit einem klaren „Nein!" Antwort geben; aber wir? – Wir gebrauchen unbedingt ein „Genauigkeitsmaß", um uns über den Wert unserer Untersuchungen zu informieren und die weiteren Konsequenzen daraus zu ziehen!

Wenn man nun leider immer nur wenige Parallelversuche bei der Erforschung von Erträgen anzustellen vermag, dann sind das gewissermaßen stets die ersten einer (nicht ausgeführten!) unendlich langen Reihe; und, da uns nun die Wahrscheinlichkeitslehre nichts darüber auszusagen vermag, *wann* eine gröbere Abweichung bei unseren Versuchen auftreten muß, so kann es sehr gut sein – wenn es auch durchaus nicht direkt wahrscheinlich ist! – daß diese gröbere Abweichung bereits bei diesen ersten Beobachtungen vorkommt. – Da das immerhin möglich ist, so folgt daraus, daß unser Genauigkeitsmaß, die „durchschnittliche Schwankung", wie ich es seinerzeit genannt habe, als solches auch keineswegs absolut sicher bestimmbar ist. – Aus diesem Grunde halte ich es aber auch für durchaus überflüssig, wenn man hierfür, wie es z. B. die Pflanzenzüchter noch heute tun, den „mittleren Fehler", der aus den Quadraten der einzelnen Abweichungen vom Mittelwerte berechnet wird, oder wenn man auch aus diesem oder dem durchschnittlichen Fehler durch Multiplikation mit 0,674 bzw. 0,845 den „wahrscheinlichen Fehler" „r" berechnet, der ja dadurch charakterisiert ist, daß zwischen $M + r$

und $M - r$ genau die Hälfte aller Beobachtungen liegen müssen. Unser Genauigkeitsmaß kann durch alle diese Berechnungen nicht genauer werden, und darum sollte man sich seine Berechnung so einfach wie nur möglich machen und sich mit der Berechnung der „durchschnittlichen Schwankung" begnügen!

Seit ich zusammen mit *Hermann Rodewald* und *Theodor Pfeiffer* die Fehlerwahrscheinlichkeitsrechnung in unsere Landwirtschaftswissenschaft vor ungefähr 40 Jahren eingeführt habe, wurden so die verschiedensten Fehler berechnet, und es gibt heute kaum eine Arbeit in unserem Schrifttum, in der nicht irgendwelche derartige Fehler angegeben sind. Aber – und das ist charakteristisch dafür, wie die meisten Forscher diesem Probleme gegenüberstehen! – sie halten es nur für nötig, mit Hilfe dieser Angabe gewissermaßen ein Bild für die Genauigkeit ihrer eigenen Arbeit zu geben, ohne daß sie mit diesen Schwankungen je weiter gearbeitet hätten! – Hier endlich etwas Wandel zu schaffen, soll mit die Aufgabe dieser Arbeit sein.

Wiederum liegt die große Schwierigkeit unseres Problemes darin, daß wir unsere Versuche auch im folgenden Jahre nie wieder in ganz der gleichen Weise zu wiederholen vermögen, da bereits im nächsten Jahre eine ganze Reihe der anderen Variablen, der anderen Wachstumsfaktoren, wieder anders gestaltet sein wird. – Und doch stellen wir ja alle unsere Versuche für die landwirtschaftliche Praxis an, um für sie daraus die möglichen Schlußfolgerungen zu ziehen, obwohl diese ja selbst im nächsten wie in jedem der folgenden Jahre wiederum unter ganz anderen Vegetationsbedingungen arbeiten wird und arbeiten muß! – Es muß dazu also unbedingt die Möglichkeit bestehen, die Ergebnisse unserer Ertragsversuche auf andere Vegetationsbedingungen zu übertragen und sie so von dem jeweiligen Klima und Boden mehr oder weniger unabhängig zu machen, d. h., wenn man will, sie zu „verallgemeinern"! – Das ist natürlich auch wieder nur innerhalb der Sicherheit unserer Versuchsergebnisse möglich. Zwei Beispiele mögen hierfür angeführt werden, der sog.

Düngungsversuch und der sog. Sortenanbauversuch; von den wesentlich komplizierteren Bodenbearbeitungsversuchen u. a. mag hier zunächst abgesehen werden.

Beim *Düngungsversuche* wird im Versuchsjahre in Versuchsgefäßen oder im freien Lande festgestellt, welche Ertragssteigerung durch eine bestimmte Düngermenge erzielt werden kann. – Dieses Ergebnis ist zunächst nicht irgendwie auf das nächste Jahr zu übertragen, selbst, wenn wir dabei unter ganz den gleichen Bodenverhältnissen arbeiten würden. Ist nämlich die Witterung im nächsten Jahre besser, dann werden auch die Ertragssteigerungen, die man durch die gleiche Düngermenge erhält, größere werden, andererseits wurden dem Boden ja durch die Ernte des Vorjahres Nährstoffe entzogen, wodurch wiederum der Düngungseffekt ein anderer werden muß. Auch bauen wir im zweiten Jahre vielleicht eine andere Feldfrucht an, die ganz andere Erträge zeitigt wie die, welche wir bei dem Versuche benutzten! Qualitativ glaubte man ja, düngen zu müssen, wenn bei einem Felddüngungsversuche eine Ertragssteigerung eingetreten war; was man aber qantitativ zu düngen hatte, entzog sich jeder Berechnung, ja jeder irgendwie begründeten Annahme!

Hier hat nun die Erkenntnis des Wirkungsgesetzes der Wachstumsfaktoren Wandel geschaffen, welches besagt, daß der Pflanzenertrag unter sonst gleichen Vegetationsbedingungen proportional dem an einem Höchstertrage noch fehlenden Ertrage steigt, ganz gleich, wie sich bei dem Versuche alle anderen Wachstumsfaktoren gestalten, welche Kulturpflanze wir beobachten, in welchem Boden wir arbeiten und unter welchen klimatischen Bedingungen unsere Pflanzen wachsen. Alle diese anderen Wachstumsfaktoren bedingen zwar die jeweilige Höhe des Höchstertrages, den wir mit Zugabe des betreffenden Nährstoffes erreichen, sie beeinflussen aber nicht die Ertragssteigerung in *Prozenten* des jeweiligen Höchstertrages, die wir mit einer bestimmten Nährstoffgabe erhalten müssen. Diese ist dann nach dem Gesetze lediglich bedingt durch den jeweiligen Nährstoffgehalt des Bodens. Sie wird hier um so größer sein, je weniger ein

Boden davon enthält, und um so geringer, je mehr er damit angereichert ist. Danach hört die Ertragssteigerung naturgemäß auch bei einem bestimmten Nährstoffgehalte des Bodens auf, der nun für alle Pflanzen, für jeden Boden und jedes Klima für den einzelnen Nährstoff stets der gleiche sein muß. Die prozentische Ertragssteigerung ist also bedingt durch den jeweiligen Nährstoffgehalt des Bodens, den man umgekehrt aus ihr so ermittelt! Dann kann man auch dem praktischen Landwirte sagen, um wieviel Prozente er seine Erträge durch eine beliebig große Düngergabe dieses Nährstoffes zu steigern vermag, und damit sind wir nun in der Lage, das Ergebnis des einen Jahres auf das folgende Jahr und in die Praxis zu übertragen. Wohl gemerkt, wir können dem Landwirte nie angeben, wie hoch der Mehrertrag sein muß, den er durch eine bestimmte Düngermenge erzielen wird, da die absolute Höhe desselben ja auch von allen anderen Wachstumsfaktoren mit bedingt wird; wir können ihm nur sagen, daß durch eine bestimmte Nährstoffmenge sein Ertrag um so und so viele Prozente gesteigert wird. Das ist aber auch ein Ergebnis, welches der betreffende Landwirt quantitativ auszuwerten vermag, wenn er die Höhe der Ernteerträge kennt, welche er im Durchschnitt der Jahre auf dem betreffenden Boden erzielen konnte.

Nun, die Unterlage hierfür bildet wieder die Durchführung des Ertragsversuches, und diese ist wiederum dadurch so überaus schwierig und mit Fehlern behaftet, weil das Experiment verlangt, daß bei den vergleichenden Versuchen, beim gedüngten wie beim ungedüngten, alle anderen Wachstumsfaktoren während der ganzen langen Vegetationszeit, also meist über drei Monate hindurch, völlig gleichgehalten werden müssen, damit man die Wirkung der einen Variablen auch quantitativ auszuwerten vermag. Das ist bei einem physikalischen Experimente, bei einer chemischen Analyse einfacher, da sich hier die Arbeiten immer nur über kurze Zeiträume erstrecken und ferner nicht derart unzählige andere Faktoren einen Einfluß auf das Experiment ausüben werden!

Das Experiment selbst läßt sich, wenn es für die landwirtschaftliche Praxis ausgenutzt werden soll, auf zweierlei Weise ausführen, von denen eine jede ihre Vorteile und ihre Nachteile hat; nämlich einmal als Gefäßversuch und ein andermal als Freilandversuch.

Bei *Gefäßversuchen* nimmt man zwei gleichgroße Gefäße, die man mit gleichen Mengen genau des gleichen Bodens anfüllt, den man mit den anderen Nährstoffen bis auf den, dessen Wirkung man feststellen will, ganz in gleicher Weise versorgen kann. Diese Gefäße werden zur gleichen Zeit eingesät, dann so nebeneinander aufgestellt, daß beiden die gleichen klimatischen Wachstumsfaktoren, so vor allem auch die gleichen Lichtmengen, zukommen; sie werden dann zur gleichen Zeit wieder abgeerntet und die Ernte getrocknet und gewogen. Das läßt sich alles gleichmäßig quantitativ ausführen. Die Hauptschwierigkeiten dieser Versuche liegen nun aber in der Wasserhaltung dieser Gefäße während der langen Vegetationszeit; denn durch sie werden die gröbsten Fehler leicht verursacht. Anfangs kann man, wenn man auch die Gewichte dieser beiden Gefäße gleichhoch gestaltet hat, was man durch Einlegen von Quarzsteinen leicht durchzuführen vermag, die Gefäße alle Tage wägen und auf der Waage, oder auch nachdem volumenmäßig, die verdunsteten Wassermengen wieder durch Gießen ersetzen. Das geht aber nur ein bis zwei, höchstens drei Wochen; denn man wiegt ja stets die Pflanzen, die in den Gefäßen wachsen, mit, und, wenn hier die in dem einen Gefäße nun infolge der andersartigen Behandlung üppiger werden, dann würden ja diese Gefäße bei weiterem gleichmäßig gewichtsmäßigem Gießen weniger Wasser erhalten! – Um das zu vermeiden, und weil Versuche gezeigt hatten, daß man um so höhere Erträge erzielen muß, je mehr Wasser man den Pflanzen zur Verfügung stellt, habe ich dann die Pflanzen stets so weit mit Wasser alle Tage versorgt, daß der Boden mit Wasser gesättigt war, und, da wir ja in jedem der Gefäße auch die gleichen Mengen des gleichen Bodens hatten, so war damit zunächst diese Fehlerquelle beseitigt. Hält man nun aber den Boden bei voller Wasserkapazität, dann muß man, um das zu erkennen, alle Tage so viel Wasser zugeben, daß das Wasser soeben auch aus dem Gefäß unten ausfließt. Ich habe dazu eigene Gefäße aus emailliertem Eisenblech konstruiert (s. Abb. 1b), die unten ein größeres Loch haben, welches mit einer runden, nach oben gewölbten Blechplatte abgedeckt wird, so daß das Wasser zwischen Gefäßboden und Platte glatten Abfluß hat. Nun lag aber wiederum die Gefahr vor, daß mal durch das eine Gefäß mehr als durch das andere Wasser hindurchging, und daß *dadurch* wiederum Fehler in unsere Versuche hineinkamen, daß mit dem Wasser gelöste Nährstoffe, so vor allem Stickstoff ausgewaschen wird. Das mußte wiederum vermieden werden und führte dazu, daß man an jedem Tage vor dem Gießen die durchgeflossenen Wassermengen wieder in das Gefäß zurückgab. Dabei mußte man wiederum vermeiden, daß diese Mengen noch durch das außen an das Gefäß anschlagende und so in den Untersatz gelangende Regenwasser unnötig weiter vergrößert wurden. Ich habe darum den Gefäßen einen Fuß gegeben, der den Untersatz gegen Regen abschirmt und habe ferner die Gefäße auf einen Halter gestellt, der es ermöglicht, die Untersätze unter dem Gefäße zum Zurückgießen des Wassers herauszuziehen, ohne daß dazu das Gefäß selbst angehoben zu werden braucht. So kann man nun täglich vor dem erneuten Gießen leicht die durchgeflossene Wassermenge in das Gefäß zurückgeben. – Diese Gefäße sind zu Hunderttausenden angefertigt worden (Firma: Gebrüder Baumann, Stanz- und Emaillierwerke in Amberg, Obpf. in Bayern) und haben im Inlande wie überall im Auslande weiteste Verbreitung gefunden (s. Abb. 1).

Und doch ist der Versuchsfehler hier noch keineswegs völlig beseitigt! – Stehen diese Gefäße z. B. im Freien und regnet es stark, so werden sich auch die gegen Regen abgeschirmten Untersätze sehr mit dem durch den Boden durchgeflossenen Wasser anfüllen. Dieses kann man dann oft erst in Tagen wieder völlig zurückgeben, da erst dann die gewachsenen Pflanzenmassen entsprechende Mengen verdunstet haben! Dabei treten nun dadurch wieder Fehler auf, daß das Zurückgeben des Wassers in

Das Vegetationsgefäß

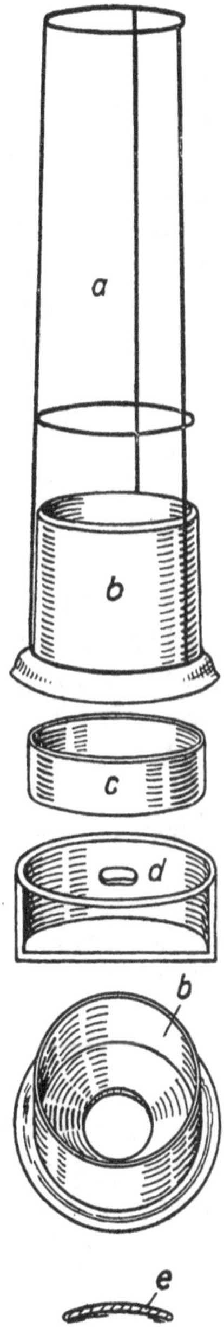

Der Pflanzenhalter *a* (aus Draht) steht auf dem Fuße des Gefäßes *b*

Das Gefäß *b* kann auf

dem Untersetzer *c* stehen, den es gegen Regen bedeckt;

er kann aber auch auf dem Gefäßhalter *d* aufgestellt werden, so daß man unter ihm den Untersatz *c* ein- und ausschieben kann

Das Gefäß von innen gesehen mit dem Loch am Boden, das durch eine kreisrunde, nach oben etwas gewölbte Einlegscheibe *e* überdacht wird. Der Gefäßboden hat nach dem Loch zu etwas Gefälle

Die Einlegscheibe *e* im Schnitt

Abb. 1

den Gefäßen, in denen die Pflanzen geringere Massen gebildet hatten, oft viele Tage länger dauert, und daß diesen dadurch auf längere Zeit die gelösten und ausgewaschenen Nährstoffe entzogen werden, ja, daß z. B. auch Stickstoffmengen in den Untersätzen unterdessen bakteriellen Umsetzungen und Verlusten ausgesetzt sein können! – Das kann man dann schließlich nur vermeiden, wenn man derartige Gefäßversuche vor Regen zu schützen vermag, indem man sie auf Wagen aufstellt, die man gegebenenfalls unter ein Glasdach fahren kann.

Aus alledem ergibt sich, daß der Fehler der Ertragsversuche, die in Gefäßen durchgeführt werden, doch unter Umständen die angestrebte Höhe von $\pm 1\%$ der gemessenen Größe überschreitet.

Die zweite Methode der Ertragsermittelung ist der Freilandversuch. Hier wird auf zwei benachbarten Teilstücken zur gleichen Zeit gesäet und geerntet. Der Boden wird zuvor in gleicher Weise gedüngt und zur Saat hergerichtet; die klimatischen Wachstumsfaktoren sind die gleichen; auch für die gleichmäßige Verabfolgung der Wassergaben sorgt der Himmel. So scheinen diese Versuche zunächst viel bessere Ergebnisse zeitigen zu müssen. Doch stellt sich hier ein anderer Fehler ein, den wir beim Gefäßversuche ausschalten konnten. Er wird bedingt durch die Ungleichartigkeit des Bodens im Felde, die selbst auf nahe Entfernung festgestellt werden kann. Diese kann äußerlich wohl manchmal erkennbar sein, so daß man derartige Flächen naturgemäß nicht zu diesen Feldversuchen verwendet; aber wenn man auch auf anscheinend ganz gleichmäßigem Boden die vergleichenden Versuche anlegt, so können hier doch bereits pflanzenphysiologisch große Unterschiede in der Bodenbeschaffenheit vorliegen, die man nicht zu sehen vermag; so z. B. im Nährstoffgehalt, in der wasserhaltenden Kraft des Bodens und auch in der Beschaffenheit des Untergrundes. Ich hatte Ihnen darum in einem früheren Vortrage gezeigt, wie man diesen Fehler dadurch umgehen kann, daß man stets nur die Pflanzenerträge von zwei eng benachbarten Teilstücken miteinander vergleicht, daß man darum diese Teilstücke möglichst klein wählen muß und sie, so nahe wie nur möglich, aneinander zu legen hat, da man nur die einzige Voraussetzung hier zu machen vermag, daß der Boden möglichst dicht um einen Punkt oder auch um eine Linie herum am gleichmäßigsten ist. Immerhin werden wir auch hier diese Versuche, um uns über die Sicherheit der Ertragsfeststellungen zu unterrichten, möglichst oft nebeneinander wiederholt anstellen. Der Feldversuch hat nun vor dem Gefäßversuch den großen Vorteil, daß er auch die Beschaffenheit des Untergrundes mit berücksichtigt, andererseits gilt sein Ergebnis aber auch streng genommen nur für die Stelle, auf der dieser Versuch durchgeführt wurde. Schon in dem Augenblick, wo wir sein Ergebnis auf den ganzen Schlag hin übertragen, begehen wir eine zu frühe „Verallgemeinerung"! Wir müßten darum derartige Versuche in ganz gleicher Weise bereits auf verschiedenen Stellen des gleichen Schlages durchführen; doch damit stoßen wir naturgemäß in der Praxis, für welche diese Versuche sein sollen, bereits häufig auf unüberwindbare, technische Schwierigkeiten! Das ist bei den Gefäßversuchen besser; denn für diese können wir von dem ganzen Schlage zunächst eine gute Durchschnittsprobe erhalten, indem wir an 50 möglichst gleichmäßig über das Feld hin verteilten Stellen gleiche Bodenmengen entnehmen und diese zu einer guten Durchschnittsprobe für die Untersuchung vereinen.

Dafür besagt uns aber naturgemäß der Gefäßversuch noch nichts über den Nährstoffgehalt des Untergrundes, und, wenn wir z. B. bei zahlreichen Versuchen fanden, daß dieser wohl noch ebenso hoch einzuschätzen ist, wie der einer Krumenschicht von 15 cm Höhe, die wir bei den Gefäßversuchen untersuchen, so kann das naturgemäß in anderen Gegenden, in anderen Ländern ganz anders sein. So fand z. B. Professor Kirssanoff, daß in einigen Gegenden von Rußland siebenmal soviel Phoshporsäure im Untergrunde war, als in dieser Krumenschicht! – Immerhin müssen wir hier, um den Nährstoffgehalt, den wir beim Gefäßversuche feststellen, auf das freie Land zu übertragen und daraufhin die zu gebende Düngermenge zu bestimmen, bei uns zunächst die obige Annahme zugrunde legen.

Endlich erhalten wir nur ein Ergebnis aus unseren Ertragsversuchen, wenn wir eine Ertragssteigerung feststellen können. Bleibt diese aus, so besagt das nur so viel, daß für das Versuchsjahr genügende Mengen des betreffenden Nährstoffes im Boden waren. Ob diese noch für das nächste Jahr ausreichen werden, kann man nicht mehr feststellen. Darum müßte in solchem Falle auch der Felddüngungsversuch alle Jahre wiederholt werden. Beim Gefäßdüngungsversuche, wo wir ja nur die halben Nährstoffmengen in unserem Krumenboden haben, würde der Nährstoffgehalt im Felde dann auch noch für das nächste Jahr ausreichen. Um nun den Nährstoffvorrat auch für mehrere Jahre noch zu ermitteln, habe ich bei dem Gefäßversuche den Krumenboden auf eine Schicht von 5 cm Höhe, d. h. noch auf den dritten Teil reduziert, indem ich die Gefäße nur mit ein Drittel des Volumens mit dem betreffenden Boden füllte, und diesen zuvor mit zwei Drittel des Volumens eines völlig nährstofffreien Sandes vermengte. Tritt nun dabei auch noch keine Ertragssteigerung ein, so muß der Nährstoffvorrat jetzt für (6 minus 1, also für) 5 Jahre ausreichen! Hierin liegt wieder der große Vorteil der Gefäßmethode; der Versuchsfehler wird dadurch nicht größer, im Gegenteil eher geringer, denn die Ertragsdifferenz wird wesentlich vergrößert.

Wenn wir nun mit einer dieser Methoden zur Ertragsfeststellung mit Hilfe des Wirkungsgesetzes den Nährstoffgehalt des betreffenden Bodens bestimmen und dem betreffenden Landwirte daraufhin sagen können, was er mit einer bestimmten Düngung an Ertragssteigerung in Prozenten des jeweiligen Ertrages zu erwarten hat, dann ist das naturgemäß erst möglich, nachdem wir das Wirkungsgesetz kennengelernt haben und als erste Annäherung an die Wirklichkeit annehmen. Wir müssen uns darüber klar sein, daß, wenn man das nicht tut – und das Für und Wider hat hier jahrzentelang unsere Literatur beschäftigt! – daß man dann gar nichts Quantitatives aus all den Düngungsversuchen, die man anstellt, zu folgern vermag!

Der Umstand aber, daß wohl 15 Jahre lang Düngungsversuche in 23000 Kulturgefäßen durchgeführt wurden, und daß unsere Landwirtschaft dort damit trotz der Ungunst des Klimas die allerbesten Erfahrungen gemacht hat und mit an der Spitze aller deutschen Lande in ihrer Produktion stand, spricht wohl dafür, daß wir hier auf dem richtigen Wege sind; und der Umstand, daß sich dem auch 28000 Düngungsversuche unserer großen Düngerindustrien fügen mußten, die wahrlich nicht zu *diesem* Zwecke angestellt worden waren, spricht ferner durchaus dafür, in dieser Richtung für unsere Praxis weiter zu arbeiten, auch wenn die Versuchsfelder, mit denen wir hier, wie wir sahen, arbeiten müssen, immer noch verhältnismäßig große sein werden.

Gefäß- wie Feldversuche sollten natürlich auch für die Düngerberatung stets mit Parallelversuchen angestellt werden, damit man die dabei auftretenden durchschnittlichen Schwankungen erkennt und sie mit in Rechnung zu ziehen vermag; denn ihre Ergebnisse haben naturgemäß nur innerhalb dieser Schwankungen Gültigkeit. – Diese Forderung ist nun heute ganz besonders schwer zu erfüllen. Zunächst haben wir keine Gefäße und keine Gefäßstationen, um dem Landwirte diese Arbeit abnehmen zu können und den Boden auf seinen Nährstoffvorrat zu untersuchen! – Wir müssen aber hier in unserer Landwirtschaft unbedingt *bald* weiterkommen, um unsere Erträge zu steigern; und da bleibt nun nichts weiter übrig, als daß jeder Landwirt auf seinem eigenen Felde einen derartigen Düngungsversuch durchführt, der ihm ja so einfach wie nur irgendmöglich gemacht werden soll! – Dabei wird man andrerseits wohl verstehen, daß man einem einfachen Landmanne, der nie mit derartigen Dingen gearbeitet hat, nicht gleich mit der Forderung von Parallelversuchen kommen kann, sondern froh sein muß, wenn er überhaupt erst anfängt, derartige Versuche im eigensten Interesse durchzuführen. In ein oder zwei Jahren wird das schon besser sein, und schließlich wird ein derartiger Versuch für den Landwirt ein Handwerkszeug werden wie der Pflug und der Spaten!

Wir werden also damit rechnen müssen, daß vielleicht – hoffentlich Hunderttausende – derartiger Düngungsversuche durchgeführt werden, u. zw. zunächst ohne Parallelversuche! – Dabei können wir aber auch hier bei der großen Zahl von Versuchen die Wahrscheinlichkeitsrechnung anstellen und annehmen, daß im Mittel aller Versuche dann doch, wie das auch im Staatsinteresse liegt, ein Ergebnis für die gesamte Düngerbedürftigkeit unserer Länder dadurch gezeitigt wird, wenn auch das Einzelergebnis mal für einen Landwirt mehr oder weniger richtig ausfallen mag!

Im vorigen Jahre, wo unsere Feldversuchsanstellung zum ersten Male im Großen durchgeführt wurde, haben sich leider verschiedentlich gröbere Fehler eingestellt, die aller Voraussicht nach auf das zu diesen Versuchen benutzte Saatgut zurückzuführen sind. Da die einzelnen Teilstücke, um auf gleichartigem Boden zu arbeiten, sehr klein sind, so daß bei Kartoffelversuchen z. B. meist nur hundert Pflanzen stehen werden, muß naturgemäß das Saatgut allerbester Qualität sein; hier mit bereits abgebauten Kartoffeln zu arbeiten, ist völlig zwecklos; es werden ja schon gröbere Fehler auftreten, wenn auf den verschiedenen Teilstücken dabei eine verschieden große Anzahl von Pflanzen ausgegangen ist, was sicher bei den Flächenerträgen dann irgendwie berücksichtigt werden muß!

Sortenanbauversuche:

Bei Gefäßversuchen lassen sich nun leicht größere Versuchsreihen nach den verschiedensten Richtungen hin durchführen; bei den Feldversuchen bereitet uns aber hier wiederum die ungleichartige Beschaffenheit des Bodens die größten Schwierigkeiten und führt zu den gröbsten Fehlern; auf einen derartigen Fall, der in unserer landwirtschaftlichen Wissenschaft für unsere Praxis eine große Rolle spielt, möchte ich hier besonders eingehen. Es handelt sich um Sortenanbauversuche, bei denen z. B. 20 Sorten oder Züchtungen der gleichen Pflanze auf einmal auf ihre Ertragsfähigkeit hin nebeneinander geprüft werden sollen.

Hierbei müssen natürlich auch alle anderen Wachtumsfaktoren während der ganzen Vegetationszeit bei allen Versuchsteilstücken wieder die gleichen sein! 20 Sorten bedeutet 20 verschieden bestellte Felder! Nehmen wir diese auch denkbar klein, so rückt der Versuch damit doch weit über das Feld hin und schließt damit grobe Fehler der Ungleichartigkeit des Bodens ein. Wir wollen sehen, wie wir uns in diesem Falle helfen können und was wir auch schließlich unter Ausnutzung der gefundenen Schwankungen aus den Ergebnissen folgern müssen. Es ist also durch den Versuch die Frage zu lösen: Welche von vielleicht 20 nebeneinander im Vergleich angebauten verschiedenen Sorten der gleichen Kulturpflanze am anbauwürdigtsen sind, d. h. also in Zukunft die höchsten Erträge erwarten lassen.

Bei Getreide legen wir so Teilstücke von einmal 10 Meter, bei Kartoffeln z. B. solche von 2,5 mal 10 Meter aus. Um die verschiedenen Sorten möglichst auf gleichmäßigem Boden anzubauen, teilen wir sie in vier Gruppen, wobei bei jeder dieser Gruppen die gleiche Standardsorte mit angebaut wird. So haben wir in einem Block die Sorten St + 1 bis 5, im zweiten St + 6 bis 10; im dritten St + 11 bis 15 und im vierten Block die Sorten St + 16 bis 20 (s. Tabelle). In jedem Block werden dann in der gleichen Reihenfolge die sechs Sorten sechsmal nacheinander eingesäet. Vor dem ersten Teilstück, wie nach dem letzten muß nochmals ein Teilstück, das nicht abgeerntet wird, mit dem Anbau der Standardsorte angelegt werden, damit das erste und das letzte quantitativ zu erntende Versuchsteilstück ebenso zum Wachstumsfaktor Licht stehen, wie alle anderen Teilstücke, dagegen empfiehlt es sich, an den Schmalseiten der Teilstücke zur besseren Beobachtung Wege entlangzuführen. – Die Teilstücke werden alsdann sämtlich weiter in gleicher Weise behandelt. Zur Ernte wird jede Parzelle für sich geerntet und sogleich gewogen; das Gewicht wird, so wie die Parzellen auf dem Felde lagen, in ein Buch eingetragen. Zur Ermittelung des Versuchsfehlers genügt jeweils *dieses Gesamtergebnis*; zur Ermittelung des Kornertrages müssen dagegen alle Erträge der gleichen Sorte von allen Teilstücken zusammengetan, gewogen und zusammen gedroschen werden, um das Verhältnis von Korn zum Strohertrage feststellen zu können. Bei der Verarbeitung der Erträge ging man nun früher so vor, daß man die mit der gleichen Sorte erzielten Ernten mittelte und den Fehler dieses Mittels errechnete. Wenn nun auch die mit der gleichen Sorte bestellten Teilstücke sehr gleichmäßig über die ganze Versuchsfläche hin verteilt waren und so immerhin vergleichbare Mittelwerte abgeben mußten, so übersah man doch ganz, daß der Versuchsfehler infolge der Bodenungleichheit derart groß werden mußte, daß man mit den Ergebnissen nur wenig anfangen konnte. Denn die ganze ungleiche Bodenbeschaffenheit, welche sich über das ganze Versuchsfeld erstreckt, wurde hier ja in den Fehlern mit erfaßt. Statt, daß wir nun die Erträge der *gleich*behandelten Teilstücke, so hier z. B. von 1, 7, 13, 19, 25 und 31 zusammenfassen, habe ich nun, um den Fehler, der durch die ungleiche Beschaffenheit des Bodens bedingt wird, nach Möglichkeit auszuschalten, stets nur die Erträge der *verschieden* behandelten, eng nebeneinander liegenden Teilstücke zusammengefaßt, von Teilstücken, die also möglichst dicht um einen Punkt oder eine Linie herumliegen[2]). Zur Verarbeitung des Versuchsergebnisses wird dabei in unserem Falle zunächst jeder Block für sich herangezogen, u. zw. werden stets nur die Erträge von den je sechs nebeneinander liegenden Sorten miteinander verglichen, da diese mit größter Sicherheit unter gleichen Bodenverhältnissen gebildet wurden. So hat Block I die Erträge des 1. bis 6. Teilstückes, des 2. bis 7. Teilstückes, des 3. bis 8. Teilstückes usw. bis zu den Erträgen des 31. bis 36. Teilstückes. Ebenso verfährt man dann, je für sich, bei Block II, bei Block III und bei Block IV.

Von den je sechs miteinander zu vergleichenden Erträgen der benachbart liegenden verschiedenen Sorten wird sodann das Mittel gebildet, da das Mittel (und nicht der Ertrag der Standardsorte!) der wahrscheinlichste Wert ist; und es wird dann ferner berechnet, wie viele Prozente der Ertrag jeder einzelnen Sorte gegenüber diesem Mittelwerte ausmacht. In unserem Falle

Ein Sortenanbauversuch. Schema für 20 Sorten

Sorten-Nr.: I 1—5; II 6—10; III 11—15; IV 16—20. — *a* = Standardsorte

Teilstück-Nr.: / Block		1	2	3	4	5	6	7	8	9	10	11	12	13	14	15	16	17	18	19	20	21	22	23	24	25	26	27	28	29	30	31	32	33	34	35	36	
I	S	a	1	2	3	4	5	a	1	2	3	4	5	a	1	2	3	4	5	a	1	2	3	4	5	a	1	2	3	4	5	a	1	2	3	4	5	S
II	S	a	6	7	8	9	10	a	6	7	8	9	10	a	6	7	8	9	10	a	6	7	8	9	10	a	6	7	8	9	10	a	6	7	8	9	10	S
III	S	a	11	12	13	14	15	a	11	12	13	14	15	a	11	12	13	14	15	a	11	12	13	14	15	a	11	12	13	14	15	a	11	12	13	14	15	S
IV	S	a	16	17	18	19	20	a	16	17	18	19	20	a	16	17	18	19	20	a	16	17	18	19	20	a	16	17	18	19	20	a	16	17	18	19	20	S

wird man so für jede der Sorten 31 derartige Prozentzahlen errechnen, die man dann als „gleichwertig“ behandeln kann, sie werden also addiert, ihr Mittel und ihre durchschnittliche Schwankung wird errechnet. Letztere nach der Gleichung: $\pm\, t = \frac{\Sigma v}{n - 0{,}5}$, worin n = Anzahl der *Vergleiche*, hier also = 31 ist. Um die durchschnittliche Schwankung dann des *Mittels* der je sechs Parallelversuche „T“ zu erhalten, ist in diesem Falle die durchschnittliche Schwankung t noch durch $\sqrt{6}$ zu dividieren. Das ist die Wurzel aus der Anzahl der Parallelversuche, die angestellt worden waren. $M \pm T$ ist dann das gesuchte Endergebnis der einzelnen Sorte.

Die so errechneten Prozenterträge und ihre durchschnittlichen Schwankungen werden dann je durch Division durch 100 und durch Multiplikation mit dem Gesamtmittel aller Erträge des betreffenden Blockes auf die effektive Höhe reduziert. Hat man das für alle 4 Blocks, mit denen wir ja hier arbeiten, durchgeführt, dann wird das Mittel *sämtlicher* Standardsortenerträge gebildet und sodann die Erträge mit ihren Fehlern bei jedem einzelnen Block mit diesem Standardmittelertrage multipliziert und durch das jeweilige Mittel des in dem betreffenden Block erzielten Standardertrages dividiert. – Man erhält so das Ergebnis des ganzen Versuches und hat nun mit den so gewonnenen Zahlen weiter zu arbeiten.

Um die vorstehend beschriebene Rechenarbeit zu erleichtern, hat bereits *Lindhard*, Kopenhagen[3]), vorgeschlagen, statt mit den Prozentzahlen direkt mit den Differenzen der Erträge von dem betreffenden Mittelertrage zu arbeiten. Dabei muß man sich zunächst darüber klar sein, daß z. B. auf besserem Boden nicht nur die Erträge, sondern auch diese Ertragsdifferenzen höhere sein müssen, was hierbei vernachlässigt werden würde. Die Prozentzahlenrechnung ist auf alle Fälle die richtigere; sollten aber die Mittelerträge von je sechs benachbarten Teilstücken auf einem Blocke keine erheblichen Differenzen aufweisen, dann kann man natürlich diese zweiten Differenzen gern vernachlässigen. – Ich gehe hier aber noch weiter: Bei der großen Unsicherheit, mit der wir unsere Schwankungen überhaupt zu berechnen vermögen, treten hier nach meinen Untersuchungen erst dann größere Abweichungen in Erscheinung, wenn sich die Erträge von zwei Parallelversuchen in einem Blocke infolge der Bodenungleichheit um 100% unterscheiden, d. h. wenn das Ergebnis der Ernte einer der Parallelversuche gerade doppelt so hoch ist, wie das der Ernte eines anderen Parallelversuches. Kommt auch nur ein derartiger Fall in einem Blocke vor, dann ist die Prozentzahlenrechnung nicht zu umgehen!

Die Anwendung einer dieser Ausgleichsverfahren hat aber natürlich nur dann irgendeinen Zweck, wenn man beim Vergleich der Parallelversuchsergebnisse, welche man mit ein und derselben Sorte erzielt, deutlich erkennt, daß diese Erträge nach der Mitte oder nach einer Seite des Versuchsfeldes hin kontinuierlich zu- oder abnehmen; andernfalls kann man nicht damit rechnen, daß der Fehler, den man direkt aus den Parallelversuchen der gleichen Sorte ermittelt, irgendwie durch eine dieser Methoden verringert wird; denn dann liegt ja keine „Ungleichartigkeit in der Bodenbeschaffenheit" vor!

Jetzt kommt es nun darauf an, auch die erforderlichen Schlußfolgerungen aus allen diesen Berechnungen zu ziehen, die weiterhin auch für die landwirtschaftliche Praxis von Wert sind. Das geht natürlich wiederum nur innerhalb unserer Versuchsfehler, die wir durch die vorhergehend beschriebene Methode auf ein geringstes Maß reduziert haben.

Die nachfolgenden Ergebnisse wurden mir neulich zugestellt; sie waren zunächst, wie heute noch üblich, bestimmt worden; auch hatte man die Erträge nicht auf das Mittel aller Erträge, sondern auf den Ertrag einer einzelnen Sorte, den man gleich 100 setzte, bezogen. In dieser Bezugsgröße folgen nunmehr die Erträge und ihre durchschnittlichen Schwankungen, die in einem Versuche mit 14 Spätkartoffelsorten erhalten wurden:

Sorte	Ertrag	Gruppe	Sorte	Ertrag	Gruppe
Voran	111,6 ± 4,7	I	Priegnitzstärke	73,3±2,6	III
Capella	105,6 ± 3,6	I	Ronda	73,9±5,9	II
Priska	100,3 ± 2,5	I	Klädener	73,3±3,8	III
Ackersegen	100,0 ± 2,8	I	Immertreu	72,4±2,2	III
Merkur	95,8 ± 6,2	II	Gemma	72,1±3,8	III
Ostbote	92,7 ± 3,7	II	Hilla	70,3±5,4	III
Carnea	78,6 ± 5,5	II	Erika	65,3±3,8	III

Der mittlere Ertrag aller dieser Sorten ist 84,6

Zunächst kann man hier, da die Versuchsfehler dazu zu große sind, unmöglich sagen, welche dieser Sorten am ertragreichsten ist, und ebensowenig, welche Sorte besser ist als die nächste!

Will man die Fehler hier richtig mit berücksichtigen, dann sollte man in der folgenden Weise vorgehen:

Wir sahen auf unserer Fehlertabelle S. 4, daß von 100 Beobachtungen 95 eine Abweichung vom Mittel aufweisen, die kleiner ist als $\pm 2{,}5 \cdot t$, und daß nur 5% noch höhere Abweichungen haben. Darum wollen wir diese $2{,}5 \cdot t$ hier als Grenzwert benutzen:

Man bildet nun das Mittel sämtlicher Sortenerträge von allen Blocks, nachdem diese mit ihren Schwankungen auf das Gesamtmittel der Standardteilstücke reduziert worden waren. – Es ist im vorliegenden Falle 84,6. – Bleibt dann eine Sorte nach Abzug ihrer 2,5fachen durchschnittlichen Schwankung noch über diesem Mittelwerte, dann gehört sie in Gruppe I, d. h. zu den besseren Sorten, bleibt eine andere Sorte nach Zuzählung ihrer 2,5fachen durchschnittlichen Schwankung noch unter dem Gesamtmittel, dann gehört sie in Gruppe III, d. h. zu den ertragsärmeren Sorten; greift eine andere Sorte, nachdem man ihr die 2,5fache Schwankung zugezählt, bzw. sie abgezogen hat, mit ihren Erträgen noch über, bzw. unter den Mittelwert aller Sorten, dann vermag man aus diesem Versuche noch nicht zu ermitteln, ob die betreffende Sorte zu den besseren oder zu den schlechteren Sorten gehört.

Bei dieser Auswertung erkennt man leicht, daß, wenn die Versuchsfelder nicht vorhanden wären, alle Sorten entweder in Gruppe I oder in Gruppe III fallen müßten, und daß aus einem solchen Versuche um so weniger herauskommen kann, je größer die Versuchsfehler sind; so kann unter Umständen in einem Jahre ein derartiger Versuch, wenn die Fehler zu groß sind, völlig ergebnislos verlaufen. Mit Hilfe des oben angegebenen Ausgleichsverfahrens ist es aber möglich, die Fehler trotz einer Ungleichheit des Bodens auf ein Mindestmaß zurückzuführen, so daß immerhin ein Versuchsergebnis zu erwarten ist. Sollte es dann vorkommen, daß bei Wiederholung dieser Versuche unter anderen Vegetationsbedingungen, bei einem anderen Boden oder in einem anderen Klima, mal eine Sorte, die sonst zu Gruppe I gehört, in Gruppe III fällt, so sind daraus die Vegetationsansprüche der betreffenden Sorte zu folgern!

Bei Wiederholung derartiger Versuche im folgenden Jahre müßte man, streng genommen, genau die gleichen Sorten zu diesem Versuche heranziehen, da von ihnen ja die Höhe des Gesamtmittels bedingt wird. Häufig aber wird man schon dann Sorten, die Mindererträge ergaben, weglassen und dafür neue, bessere Sorten zuziehen, so daß der absolute Mittelwert dadurch erhöht wird. Das besagt dann so viel, daß in dem zweiten Jahre erhöhte Anforderungen an die einzelnen Sorten gestellt werden, wie es ja auch den praktischen Anforderungen entspricht.

Auch sonst sollte man erst dann etwas auf die Ertragssteigerung geben, wenn diese außerhalb der Fehlergrenzen liegt. Wir werden es dabei meist mit der Feststellung von Ertragsdifferenzen zu tun haben, deren Fehler sich aus den Fehlern der Einzelbeobachtungen t_1 und t_2 wie folgt berechnen: $t_D = \pm \sqrt{t_1^2 + t_2^2}$. Bei wenigen Beobachtungen ist der so berechnete Fehler naturgemäß unsicher, und man sollte statt dessen von jeder Beobachtung des einen Versuches zu jeder des anderen Versuches die Abweichung bilden und dann aus diesen Differenzen den durchschnittlichen Fehler der Differenz errechnen. Immerhin sollte man auch hier unser Genauigkeitsmaß nicht nur als Dekorum für die eigene Arbeit betrachten, sondern mit ihm arbeiten und diejenigen Schlußfolgerungen aus den Erträgen ziehen, welche die Schwankungen zulassen. Man wird dabei aber stets zu einem um so wertvolleren Ergebnis gelangen, je kleiner unsere durchschnittliche Schwankung ist; und es wird möglich sein, diese bei unseren Erträgen bis auf ± 1% der gemessenen Größe herabzudrücken, wenn entsprechend gearbeitet wird.

Da das nun aber meist die Grenze unserer Genauigkeit sein dürfte, so verlohnt es auch nicht, unsere Ergebnisse auf mehr als auf drei zählende Stellen zu berechnen und aufzuzeichnen. Eine längere Reihe von Zahlen, die doch keine Bedeutung haben, täuscht nur eine größere Genauigkeit vor, die nicht vorhanden ist, und erschwert nur die Übersicht über das, was uns interessiert, nämlich über die Unterschiede in den Erträgen. Auch sollte man darum bei den Schwankungen nicht mehr Dezimalstellen angeben, als die Erträge selbst aufweisen; unsere durchschnittlichen Schwankungen werden ja, nach dem, was wir sahen, kaum eine größere Genauigkeit als ± 5% bis ± 10% dieser Schwankung beanspruchen können! Es war ja das auch der Grund, weswegen wir von einer Berechnung des mittleren und des wahrscheinlichen Fehlers von vornherein Abstand nahmen!

[1]) Eilh. Alfred Mitscherlich: Eine quantitative Stickstoffanalyse für sehr geringe Mengen. Landw. Jahrbücher XXXVIII (1909), S. 279—318.

[2]) Derselbe: Die Verarbeitung landwirtschaftlicher u. a. biologischer Versuchsergebnisse. Schriften d. Königsberger Gelehrten Gesellschaft, Naturw. Klasse 10. Jahr (1934) Heft 7. Verlag Max Niemeyer, Halle/Saale.

[3]) R. Lindhard: Untersuchungen im Feldversuch, Nord. Jordbraksforskaing (1922), 3.—4. Ausg., S. 228.

DIE „VORTRÄGE UND SCHRIFTEN“ WENDEN SICH AN DIE WEITEN KREISE DERER, DIE AN WISSENSCHAFTLICHER FORSCHUNGSARBEIT ANTEIL NEHMEN

Die Maßstäbe des Kosmos
Von Prof. Dr. H. Kienle – 30 S. DM 1.50

Genuß und Betäubung durch chemische Mittel
Von Prof. Dr. W. Heubner – 40 S. DM 2.–

Über das Naturrecht
Von Prof. Dr. H. Mitteis – 48 S. DM 2.75

Ranke und Burckhardt
Von Prof. Dr. F. Meinecke – 36 S. DM 2.50

Pflanzenphysiologische Bodenkunde
Von Prof. Dr. E. A. Mitscherlich – 24 S. DM 2.–

Über physikalisch-chemische Modelle von Lebensvorgängen
Von Prof. Dr. K.-F. Bonhoeffer – 20 S. DM 2.–

Die Ausgestaltung der Organismen – ein chemisches Problem
Von Prof. Dr. K. Noack – 38 S. DM 2.50

Die Ertragsgesetze
Von Prof. Dr. E. A. Mitscherlich – 42 S. DM 2.75

Das Leitmotiv der geotektonischen Erdentwicklung
Von Prof. Dr. H. Stille – 28 S. DM 2.50

Düngungsfragen
Über die genaue Ermittlung der notwendigen Düngungsgaben an Phosphorsäure und Kali und über das Problem der Stickstoffdüngung
Von Prof. Dr. E. A. Mitscherlich – 24 S. DM 1.75

Minnesinger und Troubadours
Von Prof. Dr. Th. Frings – 60 S. DM 3.–

Wirkungsquantum und Naturbeschreibung
Von Prof. Dr. F. Hund – 20 S. DM 2.50

Umfang und Bedeutung der germanischen Siedlung in Nordgallien im 5. und 6. Jahrhundert im Spiegel der Sprache und der Ortsnamen
Von Prof. Dr. W. v. Wartburg – 34 S. DM 1.85

Die Baukunst in Goethes Werk
Von Prof. Dr. C. Weickert – 28 S. DM 1.50

DIE HEFTE ERSCHEINEN IN ZWANGLOSER FOLGE

FSC
www.fsc.org
MIX
Papier | Fördert gute Waldnutzung
FSC® C083411

Zeitfracht Medien GmbH
Ferdinand-Jühlke-Straße 7
99095 Erfurt, Deutschland
produktsicherheit@kolibri360.de